DIRECTION GÉNÉRALE DES FORÊTS.

REBOISEMENT ET GAZONNEMENT
DES MONTAGNES.

INSTRUCTION GÉNÉRALE.

PARIS.

IMPRIMERIE NATIONALE.

1875.

DIRECTION GÉNÉRALE DES FORÊTS.

REBOISEMENT ET GAZONNEMENT

DES MONTAGNES.

INSTRUCTION GÉNÉRALE.

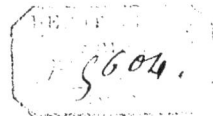

PARIS.

IMPRIMERIE NATIONALE.

—

1875.

REBOISEMENT ET GAZONNEMENT DES MONTAGNES.

INSTRUCTION GÉNÉRALE.

CHAPITRE Iᵉʳ.

CHOIX DES PÉRIMÈTRES.

1. L'Administration désigne, sur la proposition du Conservateur, les bassins des rivières torrentielles dans lesquels doivent être entreprises les études ayant pour objet de corriger le régime de ces cours d'eau.

2. Ces études sont poursuivies de proche en proche, commune par commune, en commençant par les affluents supérieurs, de manière à embrasser successivement tous les terrains du bassin qui sont exposés aux ravages des eaux.

3. Il sera procédé en premier lieu à l'exécution des travaux ayant pour objet la protection immédiate des villages et des routes. Quand l'urgence des travaux sera la même sur divers points du bassin, les périmètres seront établis de préférence là où les populations montreront les dispositions les plus conciliantes.

1.

4. Les projets ne seront présentés que lorsque le territoire entier d'une ou de plusieurs communes aura été étudié (1).

5. On s'attachera à n'englober dans les périmètres que ceux des terrains *particuliers* sur lesquels des travaux de consolidation auront été reconnus absolument indispensables.

CHAPITRE II.

ÉTUDES ET PRÉSENTATION DES PROJETS.

6. Tout projet de périmètre devra comprendre :

1° Un procès-verbal de reconnaissance générale;

2° Un mémoire descriptif du périmètre ;

3° Un avant-projet des travaux;

4° Un projet de répartition de la dépense entre les propriétaires intéressés.

§ 1er.

7. Le procès-verbal de reconnaissance générale fera connaître :

a) L'aspect général de la région, au point de vue orographique et hydrographique, les forêts encore existantes et celles qui existaient autrefois, le régime pastoral, la stabulation, etc.;

b) La statistique spéciale de la commune sur le territoire de laquelle est assis le périmètre, savoir :

1° La situation administrative, les limites et la contenance totale du territoire de la commune;

2° La distribution du territoire entre les principales cultures;

3° Le chiffre de la population;

4° La description du sol, au point de vue géologique et de la fertilité;

5° Les routes, chemins ou autres moyens de communication;

(1) Il importe, en effet, d'éviter de répéter trop souvent les enquêtes, qui ne laissent pas de jeter la défiance dans l'esprit des populations.

6° L'importance des troupeaux indigènes ou transhumants;

7° La contenance des terrains communaux, le mode d'exploitation de ces terrains, et, s'il s'agit de pâturages, le nombre et l'espèce des bestiaux qui les fréquentent, la répartition de ces troupeaux entre les propriétaires, la taxe à laquelle ils sont assujettis;

8° L'importance des ressources communales (budget des recettes et des dépenses pendant les cinq dernières années);

9° Les ressources en plants, en graines, en main-d'œuvre, que présente la localité.

§ 2.

8. Le mémoire descriptif du périmètre indique :
Sa situation,
Ses limites,
Sa contenance totale, avec distinction entre les terrains communaux et ceux qui appartiennent à des particuliers; l'altitude des points extrêmes, l'exposition générale, la déclivité, le climat, et enfin l'état du sol par division ou groupe de divisions. (Voir l'article 12.)

9. Il détermine en outre le but du projet, en faisant connaître s'il a pour objet, outre l'extinction d'un ou de plusieurs torrents, la protection d'un village, d'un hameau, d'une route, de terrains en culture, etc.

§ 3.

10. L'avant-projet des travaux se compose d'un devis descriptif et estimatif et d'un plan.

11. Le devis donne, par division ou groupe de divisions, la description ainsi que l'évaluation, aussi approchée que possible, des travaux à exécuter; ceux-ci seront divisés en trois catégories :

1° Les travaux forestiers proprement dits, comprenant les semis, les plantations ainsi que les travaux préparatoires de fixation du sol, tels que piquetages, fascinages, barrages rustiques en pierres sèches ou en bois, quand ils sont de minime importance;

2° Les travaux d'art, savoir : les barrages dans les torrents, les grands clayonnages;

3° Les travaux divers, tels que chemins, baraques, pépinières volantes, etc.

12. Pour faciliter la description et l'évaluation des travaux forestiers, le périmètre sera partagé en un certain nombre de divisions, déterminées soit par les limites naturelles du terrain, soit par des limites artificielles. On s'attachera, lors de l'assiette de ces divisions, à grouper ensemble les terrains de même nature, destinés à être soumis au même traitement. En outre, chaque division devra comprendre, autant que possible, un nombre *entier* de parcelles cadastrales.

13. Lorsqu'il y aura lieu d'établir des ouvrages d'art importants, le devis sera accompagné du profil en long et des profils en travers, ainsi que d'un plan d'ensemble de toute la partie du lit des torrents où ces ouvrages doivent être exécutés. On indiquera sur le plan l'emplacement et les dimensions de ces ouvrages.

14. Tous les chemins et sentiers devront être étudiés avec soin, de manière à leur donner des pentes régulières, qui permettent de les convertir plus tard, autant que possible, en routes de vidange.

15. Le plan sera dressé d'après les minutes de la carte d'État-Major, au $\frac{1}{40,000}$, amplifiées, s'il y a lieu, à l'aide du pantographe (1). Les divisions y seront figurées par des lisérés distincts; elles seront désignées par des numéros d'ordre.

On y indiquera également l'emplacement des principaux barrages et autres ouvrages d'art, celui des chemins et sentiers, des baraques et des pépinières volantes, etc.

§ 4.

16. Pour satisfaire aux prescriptions de l'article 7 du décret du 10 novembre 1864, il y a lieu de produire en outre :

1° Un plan du périmètre dressé d'après le cadastre ;

(1) On indiquera sur la légende du plan le numéro de la feuille de la carte, à l'échelle de 1 à 80,000, à laquelle correspond le plan.

2° Un état parcellaire indiquant la composition de chaque division en parcelles cadastrales et conforme au modèle qui suit :

DIVISIONS.		PARCELLES CADASTRALES.						OBSERVATIONS.
DÉSIGNA-TION.	CONTE-NANCE.	COMMUNE de la situation.	SECTION.	NUMÉRO.	CONTENANCE.	REVENU RÉEL.	VALEUR en fonds et en superficie.	
1	2	3	4	5	6	7	8	9

3° Un état de répartition de la dépense entre les propriétaires, conforme au modèle ci-après ;

NOM ET DOMICILE des propriétaires.	PARCELLES CADASTRALES.					CONTENANCE TOTALE par chaque propriétaire.	TRAVAUX À EXÉCUTER PAR PARCELLE.		DÉPENSE TOTALE par chaque propriétaire.	OBSERVATIONS.
	COMMUNE de la situation.	SECTION.	NUMÉRO.	CONTENANCE.	DIVISION dont elles dépendent.		Nature.	Dépense.		
1	2	3	4	5	6	7	8	9	10	11

4° Des propositions relatives à la subvention à offrir, s'il y a lieu, par l'État, dans le cas où les propriétaires se chargeraient d'exécuter eux-mêmes les travaux;

5° Des propositions concernant l'allocation, s'il y a lieu, d'indemnités pour privation temporaire de pâturage.

En ce qui concerne ces indemnités, on indiquera les bases qui doivent servir à en déterminer le chiffre, ainsi que la durée pendant laquelle elles doivent être allouées.

CHAPITRE III.

EXÉCUTION DES TRAVAUX.

§ 1er. — DÉLIMITATION ET BORNAGE.

17. Pour répondre aux prescriptions de l'article 36 du décret du 10 novembre 1864, relatif à la délimitation et au bornage des péri-mètres, il ne sera pas toujours nécessaire de procéder à une délimitation entourée de toutes les formalités réglementaires énoncées par le Code forestier (art. 10, 11 et 12). Il suffira, lorsqu'on n'aura pas à prévoir de difficultés avec les riverains, et que l'exécution d'une délimitation géné-rale entraînerait une perte de temps considérable, sans procurer un avantage proportionné, de procéder à une série de délimitations et de bornages partiels, au fur et à mesure de l'avancement des travaux dans le périmètre. Mais l'Administration se réserve expressément de statuer à cet égard, au vu de rapports spéciaux qui devront lui être adressés et faisant connaître toutes les circonstances de la question.

§ 2. — PRÉSENTATION DES PROPOSITIONS ANNUELLES.

18. Toute proposition de travaux présentée à l'Administration com-prendra, conformément aux prescriptions de la circulaire n° 22, ar-ticle 15:

1° Un devis descriptif;

2° Un avant-métré;

3° Une analyse des prix;

4° Un devis estimatif.

19. Ces différentes pièces devront être appuyées d'un rapport explicatif, ainsi que dés plans et profils nécessaires pour bien faire apprécier l'utilité et l'importance des travaux.

20. Les travaux par entreprise et ceux à exécuter en régie feront l'objet de projets distincts (modèles nᵒˢ 1 et 2). Ces projets seront transmis dans un bulletin d'envoi spécial (formule série 14, nᵒ 22, ou série 3, nᵒ 13, suivant qu'il s'agira de travaux neufs ou de travaux d'entretien.)

21. Par dérogation aux prescriptions de la circulaire nᵒ 22, les propositions annuelles de travaux neufs ou d'entretien pourront n'être transmises à la Direction générale que le 15 novembre de chaque année.

§ 3. — Mode d'exécution des travaux.

22. Le mode d'exécution par entreprise devra toujours être préféré, quand des circonstances locales ou des motifs tout particuliers n'imposeront pas *absolument* le mode en régie. (Circulaire nᵒ 22, articles 13 et 14.)

Le rapport devra faire connaitre toutes les considérations propres à déterminer le choix à faire de l'un ou de l'autre mode d'exécution. Cependant, lorsqu'il s'agira de travaux d'art et notamment de grands barrages en pierre, il sera toujours procédé par voie d'entreprise.

CHAPITRE IV.

TRAVAUX EN RÉGIE.

§ 1ᵉʳ. — Comptabilité en matière.

Constatction des travaux effectués.

23. Quelle que soit la nature des travaux, les agents régisseurs chargés d'organiser les ateliers (circulaire nᵒ 22, art. 271) prendront les

mesures nécessaires pour que la quantité de travail exécuté et la dépense correspondante soient relevées *tous les jours* par les préposés chargés de la surveillance. Ils centraliseront les écritures tenues par les gardes, relèveront le détail de tous les travaux exécutés, et établiront les prix de revient par unité de chaque nature de travail, ainsi que la dépense totale afférente à un ouvrage déterminé.

Toutes ces écritures seront établies par périmètre.

Pointage des journées de travail.

24. Le pointage des journées d'ouvriers sera fait par les gardes chargés de la surveillance quotidienne, sur une feuille d'attachement (modèle n° 3), qui sera distincte pour les travaux neufs et pour les travaux d'entretien.

25. Les ouvriers seront immatriculés sur cette feuille sous un numéro d'ordre qui sera constant pendant toute l'année; à cet effet, chacun d'eux recevra, au moment de son enrôlement, une carte constatant son inscription au contrôle (modèle n° 4).

26. Les colonnes de la feuille d'attachement destinées au pointage des journées seront divisées en deux parties correspondant aux services du matin et du soir, chaque colonne représentant une demi-journée.

27. Le préposé surveillant consignera, *jour par jour,* sur cette feuille, *qui demeurera constamment affichée sur le chantier,* les journées des ouvriers employés (1).

28. Le matin, au commencement de la journée, le préposé surveillant procédera à un premier appel des ouvriers, et mettra immédiatement un zéro devant le nom de ceux qui ne répondront point, et qui ne seront ensuite admis au travail qu'à la séance du soir.

29. Si la deuxième colonne de la feuille d'attachement, réservée à

(1) Afin de permettre un contrôle facile et permanent des indications de la feuille d'attachement, et pour la mettre à l'abri de toute détérioration, elle devra être placée sous un cadre en verre.

l'inscription du nom des ouvriers, n'est pas entièrement remplie, le préposé surveillant mettra immédiatement des zéros sur chaque ligne jusqu'au bas de la colonne correspondant au jour où l'on opère.

30. A la reprise du travail, après midi, le préposé fera un second appel, mettra un zéro pour la séance du soir, à tout ouvrier absent à ce moment, et marquera aux autres la séance du matin écoulée.

31. A la fin de la journée, il fera un dernier appel et procédera au pointage de la séance du soir.

32. Si, pendant la journée, les travaux étaient interrompus, le garde notera avec soin la durée de cette interruption, qui sera évaluée en dixièmes de journée.

33. Toute surcharge ou toute rature sur les feuilles d'attachement est formellement interdite. S'il y avait lieu de faire des rectifications, elles seraient indiquées par un renvoi approuvé.

34. Le prix de l'unité sera indiqué sur la feuille d'attachement dès la première journée de chaque semaine pour chaque ouvrier.

35. La feuille d'attachement est divisée au *verso* en deux parties: l'une destinée au visa et aux observations du brigadier et de l'agent chargé de la direction des travaux, qui y mentionnent la date de chaque vérification et les observations auxquelles elle aura donné lieu; l'autre destinée à l'inscription, à la fin de chaque semaine, du résultat de l'emploi des journées.

36. Pour établir ce résultat aussi exactement que possible, le préposé chargé de la surveillance tiendra un bulletin (modèle n° 5) indiquant *jour par jour* le travail effectué et la dépense correspondante. Chaque semaine, après avoir totalisé les chiffres inscrits journellement sur ce bulletin, il complétera sa feuille d'attachement et l'adressera, avec le bulletin, à l'agent régisseur.

2.

37. Indépendamment de la feuille d'attachement et du bulletin (n° 5) dont il vient d'être parlé, le préposé, chargé de la surveillance des travaux, devra tenir un carnet (modèle n° 6) dans lequel il constatera, *jour par jour,* les dépenses de toute nature faites pour fournitures et transports. Chaque attachement est signé pour acceptation par le fournisseur.

38. Dans la colonne intitulée *attachement,* le garde devra expliquer clairement et sans observations, la nature de la fourniture, et, s'il s'agit de transports, la nature et la provenance des objets transportés.

39. Le garde inscrira également sur ce carnet les quantités de graines et de plants provenant soit des pépinières, soit des magasins de l'Administration. Dans ce dernier cas, il se bornera à constater la réception.

40. Le préposé surveillant tiendra en outre un calepin de journées (modèle n °7), sur lequel il transcrira chaque soir la feuille d'attachement, et qui demeurera entre ses mains pendant toute la durée des travaux.

41. La tenue de ce calepin dispensera les préposés d'inscrire les journées employées sur leur livret ordinaire.

Obligations du brigadier.

42. Les chefs de brigade devront tenir un carnet spécial (modèle n° 8) qui sera le relevé de celui des gardes. Ce carnet a surtout pour but de mentionner l'affectation qui aura été faite des diverses fournitures et des frais de transports aux différentes natures de travaux. Les diverses livraisons y seront récapitulées et inscrites en regard du fournisseur qui les aura faites. Le brigadier adressera, à la fin de chaque mois (ou de chaque quinzaine), à l'agent régisseur, un relevé de son carnet d'attachement (modèle n° 9).

Obligations de l'agent régisseur.

43. A l'aide des feuilles d'attachement, des relevés du carnet du brigadier, et des autorisations de dépenses qui lui auront été notifiées par le conservateur, l'agent régisseur tiendra un sommier (modèle n° 10 a, b, c, d, e, h), sur lequel il transcrira les dépenses en main-d'œuvre et en four-

nitures, ainsi que le détail des travaux exécutés. Ce sommier sera divisé en plusieurs chapitres comprenant :

1° *L'inscription des crédits alloués*, les dates des décisions qui les autorisent et les modifications qui pourront être apportées dans leur importance pendant l'exécution des travaux (modèle n° 10 *a*);

2° *L'état général des dépenses* relatives aux divers travaux entrepris (modèle n° 10 *b*);

3° *L'état des dépenses par nature d'ouvrage*, donnant le prix de revient de chaque espèce de travail (modèle n° 10 *c*);

4° *L'état des acquisitions de terrains*, indiquant le nom du périmètre dont le terrain acquis fait partie, sa contenance et le montant des sommes payées (modèle n° 10 *d*);

5° *L'état des dépenses diverses*, où l'on reportera les dépenses pour tous travaux, fournitures, indemnités, etc., qui n'auraient pu trouver place sur les états n°ˢ 10 *b, c, d* (modèle 10 *e*);

6° *L'état du mouvement des fonds* donnant la situation des crédits en cours de dépense et la désignation des mandats délivrés (modèle n° 10 *h*).

44. A la fin de chaque mois ou de chaque quinzaine, s'il y a lieu, l'agent régisseur adressera à l'inspecteur, chef de service, un extrait de son sommier, en ce qui concerne les états 10 *b* et 10 *c* relatifs aux travaux et dépenses. Il y joindra les feuilles d'attachement et le relevé du carnet d'attachement du brigadier.

Ces documents permettront à l'agent chef de service d'enregistrer sur un sommier semblable le détail complet des dépenses faites, ainsi que la nature des travaux exécutés.

§ 2. — COMPTABILITÉ EN ARGENT.

Payements. — Justifications.

45. A la fin de chaque mois ou de chaque quinzaine, s'il est jugé nécessaire), le chef de service (Inspecteur ou Sous-Inspecteur) établit, d'après les feuilles d'attachement, le rôle des journées à payer pour

chaque travail en cours d'exécution, et il provoque, près du Conservateur, le mandatement du montant de ce rôle au nom de l'agent régisseur.

46. Le mandat et le rôle des journées sont transmis par le chef de service dans un bulletin d'envoi (modèle n° 11), qui doit être renvoyé sans retard avec le récépissé de l'agent régisseur. Ce dernier n'a plus qu'à effectuer le payement et à établir son état d'émargement en conformité du rôle.

47. Le rôle des journées et l'état d'émargement, arrêté et signé par l'agent régisseur, sont renvoyés au chef de service. Celui-ci, après la vérification, qui consistera simplement à reconnaître la parfaite concor-cordance des deux pièces, appose son certificat sur l'état d'émargement, et l'adresse avec un bordereau à la conservation, d'où il est transmis à la trésorerie générale.

48. Les mandats ne peuvent ainsi être délivrés, au nom de l'agent régisseur, *qu'après constatation du travail fait* et règlement de la dépense à laquelle il a donné lieu.

49. Lorsque des fournitures doivent être payées comptant, ou lorsque, pour une cause quelconque, des ouvriers ne pourraient attendre, pour recevoir leur salaire, une fin de mois ou de quinzaine, il est indispensable que l'agent régisseur ait à sa disposition des fonds *à titre d'avance provisionnelle*. Le chiffre de ces avances sera fixé par le Conservateur, sur la proposition du chef de service, et ne devra jamais être supérieur à cinq cents francs.

50. Il sera délivré à cet effet, au nom de l'agent régisseur, au commencement de chaque mois, un mandat dit *d'avance, pour service à faire*.

51. L'emploi de la somme mise ainsi à la disposition de l'agent régisseur, à titre d'avance provisionnelle, sera justifié, à la fin de chaque mois, par l'envoi au chef de service d'un état émargé spécial.

52. Si la somme mandatée n'est pas entièrement employée, le reli-

quat, au lieu d'être reversé au Trésor, sera appliqué au payement du rôle des journées; il en sera tenu compte dans le règlement mensuel à établir par le chef de service.

53. Au commencement de chaque mois, l'agent régisseur recevra ainsi un mandat (pour travail fait et constaté), à l'aide duquel il soldera toutes les dépenses du mois écoulé, et un second mandat (*mandat d'avance*) pour payer les dépenses dont le règlement ne peut être différé.

54. Les mandats pour payement de travaux en régie seront à talons (modèle n° 12).

55. Le jour du payement, le comptable qui versera les fonds à l'agent régisseur détachera le talon, le datera et l'adressera à l'agent *chef de service*.

56. Les journées d'ouvriers seront payées par les agents régisseurs, publiquement, en présence des préposés surveillants et après un affichage préalable, sur les chantiers, du jour, de l'heure et du lieu de payement, qui seront arrêtés de concert par le chef de service et l'agent régisseur.

57. Les sommes payées à chaque ouvrier seront inscrites sur les cartes qui leur auront été délivrées au moment de leur enrôlement (modèle n° 4 *verso*).

58. A moins de circonstances *tout à fait particulières*, le payement des fournitures et des transports, *lorsque la somme due dépasse 10 francs*, doit toujours être fait par mandats *individuels*.

59. Les mémoires ou quittances à joindre au soutien des mandats sont adressés, à cet effet, au chef de service par l'agent régisseur, *en double*.

60. Les mandats sont remis aux ayants droit par les agents régisseurs, sous leur responsabilité (art. 92 du règlement sur la comptabilité publique).

61. Dans le cas où les sommes à payer ne dépassent pas 10 francs, l'Inspecteur établit les rôles de payement à l'aide du relevé du carnet d'attachement du brigadier, en ayant soin d'indiquer dans une colonne spéciale le détail des fournitures. Le mandatement s'opère comme pour les journées de travail.

62. Il est expressément interdit aux agents et préposés, et sous les peines les plus sévères, de convertir, pour payement, en journées, des fournitures quelconques.

Délais accordés pour le payement et les justifications.

63. Les pièces justificatives de l'emploi des mandats, c'est-à-dire l'état émargé et la minute du rôle, doivent être renvoyées au chef de service aussitôt après le payement effectué, et au plus tard dans le mois qui suivra le jour où le mandat aura été touché.

64. Les Trésoriers-Payeurs généraux continueront d'adresser aux Conservateurs, dans les premiers jours de chaque mois, des bordereaux sommaires des payements qu'ils ont effectués sur leurs mandats pendant le mois précédent. (Art. 148 du règlement sur la comptabilité des dépenses du Ministère des finances.)

65. A la fin de chaque mois, le chef de service dressera, à l'aide des talons et mandats qu'il aura reçus, un état indiquant le numéro du mandat, le nom de l'agent destinataire, le montant de la somme payée, la date du payement. Il adressera cet état au Conservateur.

66. Dans le cas où, avant la fin du délai de justification, une somme quelconque n'aurait pu être payée aux ouvriers portés sur les rôles, il en sera fait emploi de la même manière que pour les reliquats des mandats d'avance. Cette somme pourra aussi être employée à solder des travaux effectués ou des fournitures livrées depuis la formation du rôle. Ce payement fera l'objet d'un rôle d'émargement *distinct*. S'il arrivait que la somme disponible ne pût, pour une cause quelconque, être employée, l'agent qui en serait détenteur en opérera le reversement, conformé-

ment au règlement sur la comptabilité publique. (Art. 134, 136 et 141 de l'extrait du règlement du 26 décembre 1866, joint à la circulaire n° 104.)

67. Le total des avances qui peuvent être faites à un agent régisseur ne doit pas excéder 20,000 francs. Aucune nouvelle avance ne peut, dans cette limite, être faite par un Trésorier-Payeur général, qu'autant que toutes les pièces justificatives de l'avance précédente lui auraient été fournies, ou que la portion de cette avance dont il resterait à justifier aurait moins d'un mois de date.

68. Le chef de service ne peut, en aucun cas, être agent régisseur.

69. Il est rigoureusement interdit à tout agent régisseur et à tout préposé de faire aucune avance, soit aux ouvriers, soit aux fournisseurs, ni de garantir pour eux le payement d'une dette quelconque. Il leur est expressément recommandé de ne jamais confondre leurs fonds personnels avec ceux du service qui leur est confié.

70. Tout agent régisseur tiendra un carnet spécial (modèle n° 13) qui indiquera dans des colonnes distinctes :

1° Le numéro et la date des mandats reçus ;

2° Le montant de ces mandats ;

3° Le montant des mandats touchés ;

4° Le montant des justifications transmises au chef de service.

Ce carnet devra être tenu constamment à jour.

La différence entre le total des colonnes 2 et 3 et celui de la colonne 4 devra toujours être représentée, soit en numéraire, soit en pièces justificatives.

Le carnet des mandats sera arrêté en fin d'année, et la différence restant à justifier formera le premier article du carnet de l'année suivante.

Obligations du Conservateur et du chef de service.

71. Indépendamment des livres de comptabilité dont la tenue est prescrite par l'article 171 du règlement sur la comptabilité, les Conser-

vateurs devront tenir un carnet indiquant, *par régisseur,* et dans des colonnes distinctes :

1° La date des transmissions des mandats ; leur numéro ;

2° Le montant de ces mandats ;

3° La date de la réception des justifications ;

4° Le montant des justifications.

72. Les chefs de service tiendront le même carnet, et, à l'aide des
renseignements qui y sont consignés, ils procéderont, à des époques indé-
terminées et inopinément, à la vérification de la comptabilité des régisseurs.

73. Ces vérifications auront lieu au moins une fois par trimestre, et
chaque fois qu'elles paraîtront nécessaires aux chefs de service pour sau-
vegarder leur responsabilité. Aussitôt que ces vérifications seront terminées, elles seront constatées par des bordereaux (modèle n° 14), qui seront
transmis au Conservateur.

74. Les Conservateurs, dans le cours de leurs tournées, procéderont
aussi à ces vérifications, en établissant les bordereaux qu'ils conserve-
ront dans leurs archives ; ils en rendront compte dans un chapitre spécial
de leur procès-verbal de tournée ; mais, si des irrégularités sérieuses
étaient constatées, soit par eux, soit par le chef de service, ils en infor-
meraient immédiatement la Direction générale.

75. Les Conservateurs, les chefs de service, les agents régisseurs, et
chacun en ce qui concerne ses attributions, se conformeront, en outre, à
toutes les règles de comptabilité et prescriptions rappelées dans la circulaire de l'Administration, en date du 24 août 1868, n° 104.

CHAPITRE V.

TRAVAUX PAR ENTREPRISE.

———

COMPTABILITÉ EN MATIÈRE ET EN ARGENT.

76. Les préposés chargés de la surveillance des travaux par entreprise

tiendront, pour chaque entreprise, un *carnet d'attachement* (modèle n° 15), sur lequel ils inscriront *jour par jour,* les travaux exécutés, ainsi que la dépense correspondante. Ce carnet ne sera jamais déplacé.

77. A la fin de chaque semaine, ils récapituleront les ouvrages exécutés, détermineront le prix de revient correspondant, et enverront à l'agent directeur un extrait du carnet d'attachement (modèle n° 16).

78. A l'aide de ces extraits, l'agent directeur établira :
1° Les éléments du décompte de l'entreprise (modèle n° 10 *f*);
2° L'état des travaux non terminés et des approvisionnements (modèle n° 10 *g*).

79. Au fur et à mesure de la délivrance d'un mandat à l'entrepreneur, il en tiendra note sur l'état du mouvement des fonds (modèle n° 10 *h*).

80. A la fin de chaque mois, il adressera à l'Inspecteur la situation des dépenses et des travaux exécutés (modèle n° 17).

81. Lorsque l'entreprise sera achevée, il joindra à la dernière situation le métré définitif (modèle n° 18).

82. Ces renseignements seront relevés par l'Inspecteur sur un sommier spécial comprenant ainsi les modèles n° 10 *f* et n° 10 *g*, et qui sera complété par un état indiquant :
1° La date et le montant des procès-verbaux de réception dressés par l'agent directeur;
2° La date de la transmission des mandats, et leur numéro;
3° Le montant de ces mandats.

CHAPITRE VI.

CONTRÔLE DES TRAVAUX.

83. Il sera tenu, pour chaque périmètre, un livre spécial (modèle n° 19), présentant dans sa première partie, sous la forme d'une statistique générale sommaire, les circonstances qui ont motivé la constitution

3.

du périmètre, et indiquant, dans la seconde partie, le détail de tous les travaux exécutés d'année en année, ainsi que la dépense correspondante, par *chaque nature d'ouvrage*.

84. On joindra à ce registre un plan du périmètre, sur lequel on fera figurer la position des ouvrages d'art, les travaux divers (baraques, chemins, fascinages), et qui fera connaître, en outre, au moyen de teintes conventionnelles, le degré d'avancement des travaux.

85. Ces calepins seront transmis chaque année à la Direction générale, qui les renverra après les avoir examinés et en avoir fait consigner les résultats sur des doubles classés dans les bureaux de l'Administration.

CHAPITRE VII.

ÉTATS ANNUELS. — INVENTAIRES. — COMPTE DE GESTION.

86. Les agents, chefs de circonscription, continueront de fournir annuellement les états généraux A et B des travaux et dépenses (modèles nos 20 et 21).

87. Ils tiendront, en outre, un inventaire *par périmètre* (modèle n° 22) de tous les objets de matériel employés aux travaux de reboisement.

88. Les agents, chefs de service, fourniront tous les ans *un compte de gestion* (formule série 12, n° 14), qui devra parvenir à la Direction générale le 31 mars, au plus tard, avec les observations du Conservateur.

Dans ce rapport, ils passeront en revue les travaux exécutés pendant l'année, apprécieront les résultats obtenus, et feront connaître les mesures qu'il y aurait à prendre en vue de l'amélioration de leur service.

89. Les intructions données au service par la présente circulaire ne modifient en rien les dispositions de la circulaire n° 147.

Paris, le 5 juillet 1875.

Le Directeur Général des Forêts,

H. FARÉ.

ANNEXES.

MODÈLE N 1.

REBOISEMENT ET GAZONNEMENT DES MONTAGNES.

Périmètre d

TRAVAUX EN RÉGIE.

EXERCICE 187 .

DEVIS ET DÉTAIL ESTIMATIF

des travaux à exécuter en régie, à la journée ou à la tâche,
pendant l'exercice 187 .

ARTICLES.		DESCRIPTION DES TRAVAUX À EXÉCUTER.
numéro.	désignation.	

DÉTAIL ESTIMATIF

EN NATURE.					EN ARGENT.							OBSERVATIONS.
Unités générales.		Unités de détail.			Prix.		Dépense					
Nature.	Nombre.	Espèces.	Quantités par unité générale.	Quantités totales.	de l'unité de détail.		partielle.		par genre de travail.	par article.	totale par division.	
					Fournitures.	Main-d'œuvre.	Fournitures.	Main-d'œuvre.				

RÉCAPITULATION.

TRAVAUX.			DÉPENSE.			DÉTAIL DES GRAINES.
ARTICLES.	ÉTENDUE des travaux.	QUANTITÉS de graines de plants et d'unités diverses.	FOURNITURES.	MAIN-D'ŒUVRE.	TOTALE par article.	
1. Semis................						1° A FOURNIR PAR L'ADMINISTRATION.
2. Plantations.............						
3. Pépinières volantes........						kilogr.
4. Fascinages.............						Mélèze...........
5. Clayonnages...........						Épicéa...........
6. Barrages rustiques en pierre..						Pin à crochets......
7. Sentiers..............						Pin noir d'Autriche..
8. Transports.............						Pin sylvestre.......
9. Études et levés..........						Pin cembro........
10. Barrières.............						Sainfoin..........
11. Campement des ouvriers....,						Fenasse..........
12. Surveillance extraordinaire...						
...						2° A ACHETER DIRECTEMENT PAR LES AGENTS OU A RÉCOLTER SUR PLACE.
						NATURE. / QUANTITÉ. / DÉPENSE.
		TOTAL...........				
	SOMME à valoir pour ouvrages imprévus....					
	TOTAL GÉNÉRAL......					

VÉRIFIÉ et ADOPTÉ
par l'Inspecteur des Forêts soussigné.

Le présent Devis montant à la somme de

A   , le   187 .

dressé par le   des Forêts soussigné.

A   , le   187 .

VU :

A   , le   187 .

Le Conservateur des Forêts,

APPROUVÉ :

Paris, le   187 .

Le Directeur général des Forêts,

CONSERVATION.

DÉPARTEMENT

d

ARRONDISSEMENT

d

REBOISEMENT ET GAZONNEMENT
DES MONTAGNES.

Modèle n° 2.

Visé pour valoir timbre
au droit de

A   , le   18   .

PÉRIMÈTRE DE

TRAVAUX PAR ENTREPRISE.

DEVIS, AVANT-MÉTRÉ ET DÉTAIL ESTIMATIF

des ouvrages à exécuter par entreprise pendant l'exercice 187   .

1ʳᵉ PARTIE.

DEVIS.

CHAPITRE PREMIER.

DESCRIPTION DES OUVRAGES.

Les ouvrages à exécuter se composeront de

CHAPITRE II.

QUALITÉ ET PRÉPARATION DES MATÉRIAUX. — FAÇON DES OUVRAGES.

CHAPITRE III.

CLAUSES ET CONDITIONS SPÉCIALES.

Conditions générales.

Les ouvrages divers qui font partie de l'adjudication seront exécutés suivant toutes les règles de l'art et conformément aux instructions, dessins de détail qui seront remis à l'entrepreneur par l'agent directeur des travaux.

Époques du commencement
et
de l'achèvement des travaux.

L'entrepreneur mettra la main à l'œuvre aux dates indiquées ci-après pour chacune des natures d'ouvrages.

Les travaux seront terminés dans le délai ci-après : .

Surveillance des travaux.

Les travaux seront surveillés par un ou plusieurs préposés, et, au besoin, par un ou plusieurs surveillants spéciaux, les uns et les autres étant désignés par l'agent directeur des travaux.

Le surveillant prendra à l'encre sur un carnet et fera émarger chaque jour par l'entrepreneur toutes les notes et attachements qui seraient nécessaires pour le règlement de compte des ouvrages exécutés; il s'assurera que toutes les conditions prescrites par le devis et les instructions remises à l'entrepreneur par l'agent directeur sont exactement observées. Il sera lui-même surveillé par l'agent directeur, qui seul aura qualité pour admettre les résultats des attachements.

Ordre de leur exécution.

Au commencement de chaque campagne, il sera remis à l'entrepreneur par l'agent directeur un état indiquant les travaux à exécuter, l'ordre de ces travaux et le délai dans lequel ils devront être terminés.

Réception des travaux.

Les ouvrages exécutés seront reçus dans un délai de
après leur achèvement par l'agent directeur des travaux. Jusqu'à cette époque, l'entrepreneur demeurera chargé de leur entretien et garant de leur parfaite conservation.

Clauses et conditions générales.

L'entrepreneur sera d'ailleurs soumis aux clauses et conditions générales du cahier des charges du 20 février 1863, approuvé le 9 décembre suivant, en tout ce à quoi il n'est pas spécialement dérogé par le présent devis.

Délai de garantie.

Les ouvrages suivants seront soumis aux délais de garantie ci-après :

Clauses spéciales.

2ᵉ PARTIE.

AVANT-MÉTRÉ DES OUVRAGES À EXÉCUTER.

DÉSIGNATION DES OUVRAGES.	DIMENSIONS.			QUANTITÉS		OBSERVATIONS.
	LONGUEUR.	LARGEUR.	HAUTEUR ou épaisseur.	PARTIELLES.	DÉFINITIVES.	

3ᵉ PARTIE.

DÉTAIL DES PRIX.

NUMÉROS.	OBJETS DU DÉTAIL.	PRIX EN TOUTES LETTRES.	PRIX EN CHIFFRES.

4ᵉ PARTIE.

DÉTAIL ESTIMATIF.

DÉSIGNATION DES OUVRAGES à exécuter.	NUMÉROS du DÉTAIL.	PRIX DE L'UNITÉ.	QUANTITÉS.	TOTAL		OBSERVATIONS.
				par ARTICLES du détail.	par OUVRAGE.	
TOTAL						
Somme à valoir pour ouvrages imprévus						
TOTAL GÉNÉRAL						

Le présent devis

Le présent devis estimatif montant à la somme de

dressé par le   des forêts soussigné.

A   , le   187 .

Vérifié et adopté
par l'Inspecteur des forêts soussigné.

A   , le   187 .

Vᴜ :

A   , le   187 .

Le Conservateur des Forêts,

Aᴘᴘʀᴏᴜᴠᴇ́ :

A   , le   187

Le Directeur général des Forêts,

CONSERVATION.

DÉPARTEMENT

d

REBOISEMENT ET GAZONNEMENT
DES MONTAGNES.

MODÈLE N° 3.

FEUILLE N°

FEUILLE D'ATTACHEMENT pour les travaux exécutés à la journée

dans

(1) Neufs ou d'entretien.

(2) Heures ou journées.

Nature des travaux : (1)

(2)   employés du   au   187 .

N° D'ORDRE du contrôle.	NOM ET PRÉNOMS des OUVRIERS.	DEMEURE.	LUNDI.		MARDI.		MER-CREDI.		JEUDI.		VEN-DREDI.		SA-MEDI.		NOMBRE d(2) par ouvrier.	PRIX de L'UNITÉ.	SOMME DUE.	OBSERVATIONS.
			Matin.	Soir.	Matin.	Soir.	Matin.	Soir.	Matin.	Soir.	Matin.	Soir.	Matin.	Soir.				
																fr c.	fr. c.	
	TOTAUX............																	

CERTIFIÉ exact par le   forestier soussigné, préposé à la surveillance de l'atelier.

NOTA. Les feuilles d'attachement, remises au préposé à la surveillance, seront cotées et parafées par l'agent régisseur, et annotées sur le livret du préposé.

VISA ET OBSERVATIONS

DU BRIGADIER.	DE L'AGENT CHARGÉ DE LA DIRECTION DES TRAVAUX.

RÉSULTAT DE L'EMPLOI DES JOURNÉES ET RELEVÉ DU CARNET D'ATTACHEMENT.

	NATURE des TRAVAUX ET FOURNITURES.	DÉPENSES.	QUANTITÉS.
MAIN-D'ŒUVRE.	Semis .... { Préparation du sol. ...... / Exécution		
	Plantations. { Préparation du sol. ...... / Exécution		
	Barrages .. { en pierres. ... / en bois		
	Clayonnages.............		
	Chemins		
	Pépinières volantes. { Préparation du sol........ / Exécution		
	Divers.................		
FOURNITURES.	Graines................		
	Plants.................		
	Transports.............		
	Outils		
	Matériaux pour barrages et clayonnages..........		
	Diverses...............		

DÉTAIL DES FOURNITURES.

NOM ET DOMICILE DES PARTIES PRENANTES.	SOMME TOTALE A FAIRE.	NATURE.

A   , le   187 .

Le   forestier,

(Modèle n° 4.)

Recto.

CARTE D'INSCRIPTION AU CONTRÔLE.

Le sieur

domicilié à

inscrit comme ouvrier sous le n°

        A   , le

    Vu :   *Le   forestier* ,

L'Agent-Régisseur,

PAYEMENTS EFFECTUÉS.

DATES.	MONTANT.	SIGNATURE du PRÉPOSÉ SURVEILLANT.	DATES.	MONTANT.	SIGNATURE du PRÉPOSÉ SURVEILLANT.

5.

FORÊTS.

CONSERVATION.

DÉPARTEMENT

(Modèle n° 5.)

TRAVAUX EN RÉGIE.

PÉRIMÈTRE DE ° DIVISION.

Nᵒ DU BULLETIN.

EXERCICE 187

NATURE DES TRAVAUX[1].

Emploi des journées. — Période du au 187 .

[1] Neufs ou d'entretien

DATE.	JOUR.	MAIN-D'ŒUVRE.								FOURNITURES.					
		SEMIS.		PLANTATIONS.		BARRAGES.		CLAYONNAGES.	CHEMINS.	PÉPINIÈRES ENCLOSES.		DIVERS.	GRAINES.	PLANTS.	TRANSPORTS.	OUTILS.	MATÉRIAUX pour barrages et clayonnages.	DIVERS.
		PRÉPARATION du sol.	EXÉCUTION.	PRÉPARATION du sol.	EXÉCUTION.	EN PIERRES.	EN BOIS.			PRÉPARATION du sol.	EXÉCUTION du semis.							

1ᵉ QUANTITÉS ET ÉTENDUE.

	Lundi
	Mardi
	Mercredi
	Jeudi
	Vendredi
	Samedi
	Total

2ᵉ DÉPENSES.

	Lundi
	Mardi
	Mercredi
	Jeudi
	Vendredi
	Samedi
	Totaux

Certifié à , le 187 .

Le forestier.

TRAVAUX EN RÉGIE.

CARNET D'ATTACHEMENT

DU GARDE.

NUMÉRO d'ordre.	DATE de la fourniture.	EMPLACEMENT des travaux.	NOM ET DEMEURE des fournisseurs.	TRAVAUX serve ou travaux d'entretien.	ATTACHEMENT. Nature de la fourniture. Signatures du fournisseur et du préposé.	QUANTITÉS.	PRIX de l'unité.	SOMMES DUES.	OBSERVATIONS.
1	2	3	4	5	6	7	8	9	10

TRAVAUX EN RÉGIE.

CALEPIN DE JOURNÉES DU GARDE.

(Modèle n° 7. (Suite.)

Contrôle nominatif des Ouvriers indiquant leur numéro d'ordre.

NUMÉRO D'ORDRE.	NOM ET PRÉNOMS DES OUVRIERS.	NUMÉRO D'ORDRE.	NOM ET PRÉNOMS DES OUVRIERS.

NA⁻URE DES   TRAVAUX   (¹)

Période du

au

N° d'ordre.	N., PRÉNOMS et domicile des ouvriers.	INSCRIPTION DES JOURNÉES PAR CHAQUE JOUR DE LA SEMAINE.													TOTAL par ouvrier.	PRIX de la journée.	SOMME à payer.
		LUNDI		MARDI		MERCREDI		JEUDI		VENDREDI		SAMEDI					
		matin.	soir.	matin.	soir.	matin.	soir.	matin.	soir.	matin.	soir.	matin.	soir.				

DÉPENSES.

3° EN JOURNÉES DE TRAVAIL.	PRIX de la journée.	NOMBRE de journées.	SOMME à payer par catégorie.	SOMME à payer.	OBSERVATIONS.

4° EN FOURNITURES.	NATURE DES FOURNITURES.		SOMME TOTALE à payer.	NOM ET DOMICILE des parties prenantes.
	Total général à payer.......			

Résultat de l'emploi des journées et détail des fournitures.

Nom de la division :

	NATURE des travaux et fournitures.	DÉPENSES.	QUANTITÉS.
Main-d'œuvre.	Semis..... Préparation du sol....................		
	Exécution........................		
	Plantations. Préparation du sol....................		
	Exécution........................		
	Barrages..... en pierres.....................		
	en bois......................		
	Clayonnages.....		
	Chemins.....		
	Pépinières volantes. Préparation du sol....................		
	Exécution des semis...................		
	Divers.....		
Fournitures.	Graines.....		
	Plants.....		
	Transports.....		
	Outils.....		
	Matériaux pour barrages et clayonnages.....		
	Divers.....		
	TOTAUX..................		

A   , le   . 187 .

Le   forestier.

TRAVAUX EN RÉGIE.

CARNET D'ATTACHEMENT

DU BRIGADIER.

NUMÉRO d'ordre.	NUMÉRO correspondant du carnet du garde.	NOM ET DEMEURE des fournisseurs.	ATTACHEMENT.					RÉPARTITION DE LA DÉPENSE ENTRE LES DIVISIONS ET DIFFÉRENTES NATURES DE TRAVAUX.												OBSERVATIONS.
			DATE.	NATURE.	QUANTITÉ.	PRIX de l'unité.	SOMMES dues.	EMPLACEMENT des travaux. Division ou parcelles cadastrales.	Indiquer dans cette colonne s'il s'agit de travaux neufs ou d'entretien.	SEUIL.		PLANTATIONS.		DRAINAGE.			CLÔTURES.	CHEMINS.	PÉPINIÈRES coloniales.		DIVERS.	
										Préparation du sol.	Exécution.	Préparation du sol.	Exécution.	en pierres.	en bois.	vases.			Préparation du sol.	Exécution.		

TRAVAUX EN RÉGIE.

RELEVÉ DU CARNET D'ATTACHEMENT DU BRIGADIER.

NUMÉRO d'ordre.	NUMÉRO correspondant du carnet de garde.	NOM ET DEMEURE des fournisseurs.	ATTACHEMENT					EMPLACEMENT du chantier. Désigné au parcel. cadastrale.		AFFECTATION DE LA DÉPENSE AUX DIFFÉRENTES NATURES DE TRAVAUX.											OBSERVATIONS. Distinguer dans ce état les travaux neufs des travaux d'entretien.
			DATE.	NATURE.	QUANTITÉ.	PRIX de l'unité.	MONT.			SEMIS.		PLANTATIONS.		BARRAGES.		OUVRAGES D'ART.		SENTIERS ROUTES.		DIVERS.	
										Préparation du sol.	Entretien.	Préparation du sol.	Entretien.	en pierre.	en bois.			Préparation du sol.	Entretien des routes.		

À , le 187

Le Brigadier forestier,

Modèle 10 a.

REGISTRE D'INSCRIPTION

DES CRÉDITS ALLOUÉS PAR L'ÉTAT, LE DÉPARTEMENT,

LES COMMUNES, ETC.

Ce registre sera tenu en groupant les crédits accordés pour un même périmètre, pépinière, etc. en distinguant les travaux neufs des travaux d'entretien.

NUMÉRO				DATE	CAISSE	EMPLACEMENT	MONTANT	ANNULATION.		CRÉDIT	OBSERVATIONS.
du CRÉDIT total par périmètre, pépinière, etc.	des ARTICLES particuliers par décision.	D'ORDRE de la conservation.	des TRAVAUX de l'Administration.	de LA DÉCISION.	sur laquelle le crédit a été alloué : Trésor, département, commune, etc.	des TRAVAUX. — Objet de la dépense.	du CRÉDIT.	DATE de la décision.	MONTANT.	DÉFINITIF.	

TRAVAUX EN RÉGIE.

ÉTAT GÉNÉRAL DES DÉPENSES PAR PÉRIMÈTRE.

PÉRIMÈTRE DE

(1) Seuls ou d'entretien.

INDICATION des ouvrages.	NUMÉROS des feuilles d'attachement et autres des travaux (1).	MAIN-D'ŒUVRE.				FOURNITURES.																			DÉPENSE spéciale.	TOTAL GÉNÉRAL. (Sommes dévoluement 6 et 10.)	OBSERVATIONS.
		NOMBRE de journées.	PRIX de l'unité.	SOMME à payer par assignée.	MONTANT total des feuilles d'attachement.	BESTIAUX.			PLANTS.			TRANSPORTS.			OUTILS.			MATÉRAUX pour déblayements et bornages.			DIVERSES.					
						Nature et quantité.	Prix de l'unité.	Dépense.	Nature et quantité.	Prix de l'unité.	Dépense.	Nature et quantité.	Prix de l'unité.	Dépense.	Nature et quantité.	Prix de l'unité.	Dépense.	Nature et quantité.	Prix de l'unité.	Dépense.	Nature et quantité.	Prix de l'unité.	Dépense.			
1	2	3	4	5	6	7	8	9	10	11	12	13	14	15	16	17	18	19	20	21	22	23	24	25	26	27

TRAVAUX EN RÉGIE.

ÉTAT DES DÉPENSES

PAR NATURE D'OUVRAGES

ET DÉTAIL DES TRAVAUX EXÉCUTÉS DANS CHAQUE PÉRIMÈTRE.

PÉRIMÈTRE DE

Modèle n° 10 c. (Suite.)

(1) Neufs ou d'occasion.

DATES.	NUMÉRO des postes de la feuille de arpent d'aménagement.	DÉSIGNATION des divisions ou des parcelles cadastrales et autres (les travaux) (1).	DÉPENSES.									DÉPENSE TOTALE.	TRAVAUX.										OBSERVATIONS.
			NATURE.	SEMIS.		PLANTATIONS.		CAPTAGES.		REBOISEMENT.			SEMIS.		PLANTATIONS.		BARRAGES.				CLAYONNAGES.		
				Préparation du sol.	Emissions.	Préparation du sol.	Entretien.	en pierres.	en bois.				Contenance.	Nature et quantité des fournitures.	Contenance.	Nature et quantité des fournitures.	en pierres. Nombre.	Nature et quantité des fournitures.	en bois. Nombre.	Nature et quantité des fournitures.	Nombre.	Nature et quantité des fournitures.	
1	2	3	4	5	6	7	8	9	10	11		12	13	14	15	16	17	18	19	20	21	22	23
		Main-d'œuvre.																					
		Fournitures.																					

PÉRIMÈTRE DE

(1) Neufs ou d'entretien.

DATES.	NUMÉRO des écailles de la feuille et de canot d'attachement.	DÉSIGNATION des divisions ou des parcelles cadastrales, et autres des travaux (1).	DÉPENSES.					DÉPENSES voyages.	DÉPENSES générales totales.	TRAVAUX.						OBSERVATIONS.
			NATURE.	CHEMINS.	PÉPINIÈRES VOLANTES.	SEMENCES.				Largeur.	Nature et quantité des fournitures.	Contenance.	Nature et quantité des fournitures.	Nature et quantité des fournitures.	Nature et quantité des fournitures.	
		Main-d'œuvre.														
		Fournitures.														

9

ACQUISITIONS DE TERRAINS.

(1) Dans le cas où l'immeuble acheté ne serait pas compris dans un périmètre, on indiquerait dans la colonne 1 le nom et la destination de cet immeuble.

NOM du expropr. (1)	NOM, prénoms et domicile des vendeurs.	DATE		PARCELLES CADASTRALES.				CONTENANCE TOTALE cédée par chaque propriétaire.		SOMMES PAYÉES.				MANDATS DÉLIVRÉS.		OBSERVATIONS.
		de la demande qui a autorisé l'acquisition.	de l'arrêté d'acquisition ou de jugement d'expropriation.	NUMÉRO de la situation.	SECTION.	NUMÉRO.	CONTENANCE.	A l'amiable.	Par expropriation.	PRIX PRINCIPAL.	INTÉRÊTS.	FRAIS DIVERS.	TOTAL.	NUMÉRO.	DATE.	
1	2	3	4	5	6	7	8	9	10	11	12	13	14	15	16	17

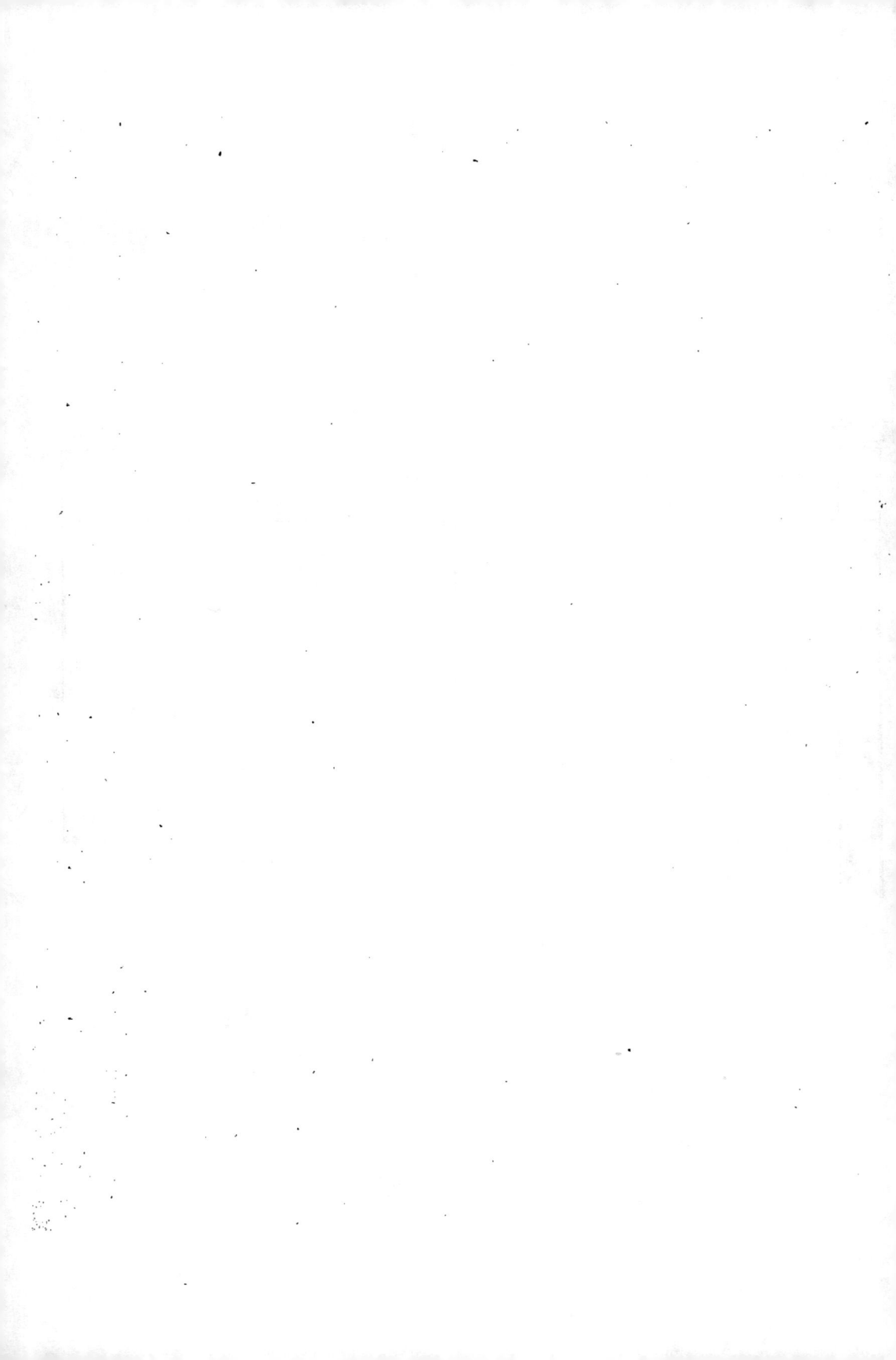

TRAVAUX EN RÉGIE.

DÉPENSES DIVERSES.

OBJET auqu SE RAPPORTENT les dépenses.	NOM, PRÉNOMS ET DOMICILE des parties prenantes.	INDICATION SOMMAIRE DES DÉPENSES.	MONTANT des DÉPENSES.	OBSERVATIONS.
1	2	3	4	5

TRAVAUX PAR ENTREPRISE.

ÉLÉMENTS DU DÉCOMPTE DE L'ENTREPRISE.

euméro du numé ro d'ordre de briga- des.	numéro d'ordre des numé ros.	INDICA- TION des numé ros.	TRAVAUX (On les classera par nature d'ouvrages, en rappelant les numéros	EXÉCUTÉS. et le prix de l'unité de chaque article du sous-détail.)																													TOTAL des mémoires faits.	OBSERVA- TIONS.
			Quan- tité.	Dé- pense.	Quan- tité.	Dé- pense.	Quan- tité.	Dé- pense.	Quan- tité.	Dé- pense.	Quan- tité.	Dé- pense.	Quan- tité.	Dé- pense.	Quan- tité.	Dé- pense.	Quan- tité.	Dé- pense.	Quan- tité.	Dé- pense.	Quan- tité.	Dé- pense.	Quan- tité.	Dé- pense.	Quan- tité.	Dé- pense.	Quan- tité.	Dé- pense.	Quan- tité.	Dé- pense.	Quan- tité.	Dé- pense.		

10.

TRAVAUX PAR ENTREPRISE.

TRAVAUX NON TERMINÉS ET APPROVISIONNEMENTS.

NUMÉROS		INDICATION DES OUVRAGES.	QUANTITÉS.	NUMÉROS des SOUS-DÉTAILS.	PRIX de L'UNITÉ.	DÉPENSES		OBSERVATIONS.
du CARNET.	D'ORDRE du sommier.					par ARTICLE.	par NATURE d'ouvrage.	

TRAVAUX EN RÉGIE ET PAR ENTREPRISE.

MOUVEMENT DES FONDS.

(MANDATS DÉLIVRÉS ET DÉTAIL DES PIÈCES JUSTIFICATIVES.)

DEMANDE DE FONDS.		MANDAT.			MONTANT		NOM	DATES		DATE	ÉMARGEMENT	PIÈCES		DÉTAIL DES PIÈCES JUSTIFICATIVES	OBSERVATIONS.
NUMÉRO d'ordre.	DATE.	NUMÉRO d'ordre.	DATE.	caisse sur laquelle (état détaillé) Trésor, département, commune de ... etc.	Travaux en régie.	Travaux par entreprise.	DE LA PARTIE PRENANTE.	de la réception du mandat.	de l'envoi du mandat quand il est délivré au nom de l'agent régisseur.	de la remise ou de la transmission du mandat.	de la partie prenante ou date du récipient.	Date de la réception.	Date de l'envoi.	avec indication si la dépense porte sur chaque article.	
1	2	3	4	5	6	7	8	9	10	11	12	13	14	15	16

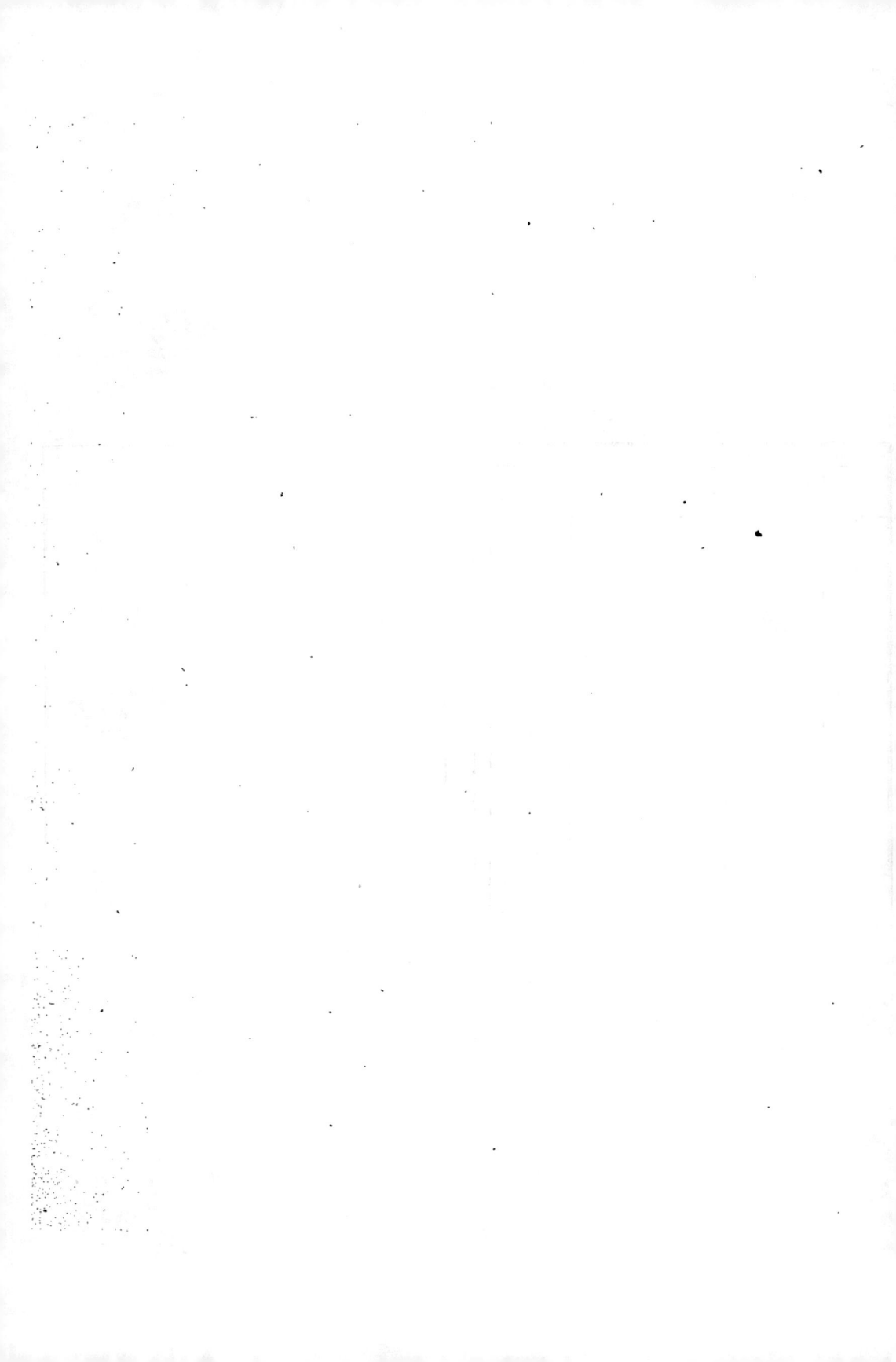

Modèle n° 11.

° CONSERVATION.

DÉPARTEMENT

d

REBOISEMENT
ET GAZONNEMENT DES MONTAGNES.

EXERCICE 187

BULLETIN D'ENVOI DE MANDATS.

Adressé à M.

mandat inscrit sous le numéro

A , le 187 .

Reçu le mandat ci-dessus mentionné

A , le 187 .

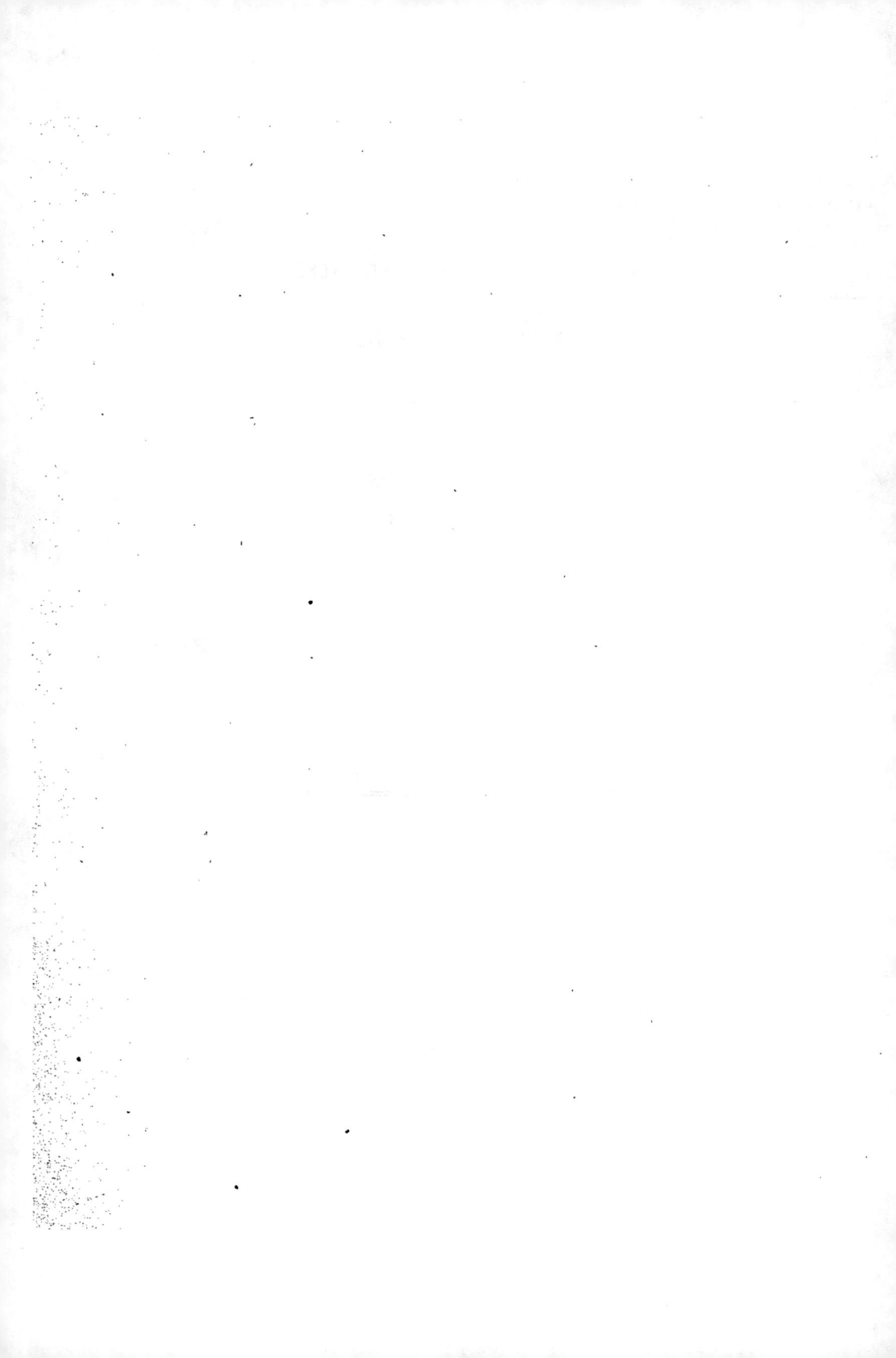

Modèle n° 12.

MANDAT DE PAYEMENT.

Art. 91 du Règlement
du 26 décembre 1866.

MINISTÈRE DES FINANCES.

SERVICE DE LA DIRECTION GÉNÉRALE DES FORÊTS.

Exercice 187 .

Chapitre   Article   Paragraphe

En vertu des ordonnances de délégation délivrées par M. le Ministre des finances, et dont la dernière, en date du   187 , n°   , élève à   le total des crédits délégués sur le chapitre,

La somme ci-après désignée sera payée par M. le Trésorier-Payeur général, et lui sera allouée en dépense, en rapportant le présent mandat dûment quittancé et appuyé des pièces y énoncées.

TITULAIRE DE LA CRÉANCE.	OBJET DE LA DÉPENSE.	SOMME.	PIÈCES JUSTIFICATIVES DE LA DÉPENSE.

DÉPARTEMENT

d

N°
DU MANDAT.

N°   du bordereau
d'émission.

VU SANS OPPOSITION.

BON À PAYER

Par le Receveur particulier
des finances de l'arrondissement
d

Par le Percepteur de la commune d
ou, à son défaut, par l'un des
Receveurs des revenus indirects
de la même localité.

Le Trésorier-Payeur général
du département,

Pour acquit de la somme ci dessus.

A   le   187

Payé par le { Percepteur d
             { Receveur d

(1) Énoncer la somme en toutes lettres.
(2) Indiquer la qualité de l'ordonnateur secondaire.

Le présent mandat, montant à la somme de (1)

délivré par nous (2)

, Ordonnateur secondaire.

A   , le   187 .

(1) Indiquer le titre du comptable.

Le soussigné (1)

déclare avoir acquitté aujourd'hui le mandat de la somme de

délivré sous le n°

au nom de M.   des forêts.

, le   187   .

Fermé par nécessité.

A Monsieur

l'Inspecteur des Forêts

à

TRAVAUX EN RÉGIE.

CARNET DES MANDATS.

NUMÉRO ET DATE des MANDATS REÇUS.	MONTANT des MANDATS.	MONTANT DES MANDATS touchés.	MONTANT DES JUSTIFICATIONS transmises.	OBSERVATIONS.

BORDEREAU

des valeurs de caisse et de portefeuille existant entre les mains de M.

régisseur comptable, à la date du , *jour de la vérification faite*

par

VALEUR DE CAISSE.

	fr.	c.
Billets de banque...		
Or..		
Écus de 5 francs...		
Monnaie blanche...		
Billon..		
Timbres mobiles de quittance..........................		

VALEUR DE PORTEFEUILLE.

Montant des pièces justificatives de dépenses...............		
Mandats non touchés........		
TOTAL...........................		

Le présent Bordereau, montant à la somme de
est certifié exact par les soussignés.

A , le 187 .

Le   Le

Chef de service,   *Régisseur comptable,*

Modèle N° 14 *verso.*

RECETTE.

fr.   c.

Report de l'encaisse au 31 décembre......................

Montant des mandats touchés depuis le 1er janvier..............

TOTAL........................

Montant des justifications transmises.......................

DIFFÉRENCE à représenter............

Report des valeurs représentées........................

BALANCE OU DIFFÉRENCE..............

Explications du Régisseur comptable sur les causes de la différence.

Observations du Chef de service sur la tenue de la caisse et de la comptabilité.

TRAVAUX PAR ENTREPRISE.

CARNET D'ATTACHEMENT.

Entrepreneur : Le sieur

NUMÉRO de ordre.	DATE de l'établissement.	EMPLACEMENT des travaux.	NOMS des entrepreneurs, fournisseurs, etc.	ATTACHEMENT.	QUANTITÉS.	ARGENT.

OBSERVATIONS, CROQUIS, renseignements de toute nature.	NOMBRE de parties.	DIMENSIONS.			SURFACES, pleins ou vides.	
		LONGUEUR.	LARGEUR.	HAUTEUR ou épaisseur.	PARTIELLE.	TOTALE.

DIRECTION GÉNÉRALE
DES FORÊTS.

· CONSERVATION.

DÉPARTEMENT

d

ARRONDISSEMENT

d

REBOISEMENT ET GAZONNEMENT
DES MONTAGNES.

TRAVAUX (1)

PÉRIMÈTRE DE

EXTRAIT du carnet d'attachement relatif à l'entreprise du sieur

du   au   187 .

MODÈLE N° 16.

On divisera cet extrait
en trois parties :
1° Travaux terminés ;
2° Travaux non termi-
nés ;
3° Approvisionnements.

(1) Neufs ou d'entre-
tien.

NUMÉROS du carnet d'atta-che-ment.	EMPLACEMENT des OUVRAGES.	INDICATION des TRAVAUX EXÉCUTÉS.	NOMBRE de parties.	DIMENSIONS.			SURFACES, cubes ou poids.		PRIX de L'UNITÉ.	SOMMES DUES.	OBSERVA-TIONS.
				Lon-gueur.	Largeur.	Épaisseur ou hauteur.	Partiels.	Totaux.			
				1° TRAVAUX TERMINÉS.							

Le présent extrait est certifié conforme aux écritures par le
forestier soussigné.

A   , le   187 .

13

DIRECTION GÉNÉRALE
DES FORÊTS.

• CONSERVATION.

DÉPARTEMENT

d

ARRONDISSEMENT

d

REBOISEMENT ET GAZONNEMENT
DES MONTAGNES.

TRAVAUX [1]

PÉRIMÈTRE DE

SITUATION à la fin du mois de 187 .

MODÈLE N° 17.

[1] Neufs *ou* d'entretien.

DÉPENSES FAITES PAR L'ENTREPRENEUR.

NUMÉROS D'ORDRE		INDICATION DES OUVRAGES.	QUANTITÉS.	NUMÉROS des SOUS-DÉTAILS.	PRIX de L'UNITÉ.	DÉPENSES		OBSERVATIONS.
du journal.	du sommier.					par ARTICLE.	par NATURE d'OUVRAGES.	
		1° TRAVAUX TERMINÉS.						

RECAPITULATION.	DÉPENSES.	RETENUE DE GARANTIE.
1° Travaux terminés................		
2° Travaux non terminés.............		
3° Approvisionnements.............		
TOTAUX............		

VU ET VÉRIFIÉ
par l'Inspecteur des Forêts soussignés.

Le présent état est dressé et certifié conforme aux écritures par
des forêts, directeur des travaux.

A   , le   187 .   A   , le   187 .

DIRECTION GÉNÉRALE
DES FORÊTS.

* CONSERVATION.

DÉPARTEMENT
d

ARRONDISSEMENT
d

REBOISEMENT ET GAZONNEMENT
DES MONTAGNES.

TRAVAUX [1]

PÉRIMÈTRE DE

MODÈLE N° 18.

EXERCICE 187 .

[1] Neufs ou d'entretien.

MÉTRÉ définitif des travaux exécutés par entreprise par le sieur

(A joindre à la situation en date du   187 .)

NUMÉROS D'ORDRE du journal.	INDICATION DES OUVRAGES.	NOMBRE des PARTIES.	DIMENSIONS.			SURFACES, CUBES OU POIDS.			OBSERVATIONS, CROQUIS, ETC.
			Longueur.	Largeur.	Épaisseur.	Auxiliaires.	Partiels.	Définitifs.	

Le présent métré est certifié conforme aux écritures par le soussigné
des forêts, directeur des travaux.

A   , le   187

13 .

· CONSERVATION.

DÉPARTEMENT

d

Modèle n° 19.

ARRONDISSEMENT

d

COMMUNE

d

REBOISEMENT ET GAZONNEMENT DES MONTAGNES.

Périmètre d

Bassin d

Contenance . . . . {
à reboiser.
à gazonner.
à laisser inculte.

Décret du

DÉTAILS STATISTIQUES SOMMAIRES.

Nature du sol :

Exposition :

Configuration :

Altitude :

Indication des principaux résultats à atteindre :

OBSERVATIONS SUR L'ÉCONOMIE GÉNÉRALE ET LA MARCHE DES TRAVAUX.

TRAVAUX.

DÉPENSES.

ANNÉE des TRAVAUX.	DIVISIONS.	TRAVAUX											TRAVAUX NEUFS.				OBSERVATIONS.
		ENSEMENCEMENT.						GAZONNEMENT.			Étendue totale ultérieure progressivement rendue ensemencée.	REBOISEMENT.		GAZONNEMENT.	TOTAL DES DÉPENSES de reboisement et gazonnement.	
		Semis.		Plantations.								Semis.	Plantations.			
		Étendue.	Essences.	Quantité de graines.	Étendue.	Essences.	Quantité de plants.	Étendue.	Nature des graines.	Quantité.						
1	2	3	4	5	6	7	8	9	10	11	12	13	14	15	16	17

TRAVAUX.

DÉPENSES.

ANNÉE des TRAVAUX.	DIVISIONS.	ALBOISEMENT.				GAZONNEMENT.		TRAVAUX DIVERS.		TRAVAUX D'ENTRETIEN.				TOTAL des dépenses ou travaux d'entretien. Sommes des colonnes 48 à 51.	TOTAL des dépenses pendant l'année. Somme des colonnes 39 et 52.	OBSERVATIONS.
		Semis.		Plantation.		Nature des graines.	Quantité.			BBOISEMENT.		GAZONNEMENT.	TRAVAUX divers.			
		Essences.	Quantité de graines.	Essences.	Quantité de plants.					Semis.	Plantations.					
1	2	41	42	43	44	45	46	47		48	49	50	51	52	53	54

OBSERVATIONS ET RENSEIGNEMENTS APRÈS ACHÈVEMENT DES TRAVAUX.

Modèle n° 20.

CONSERVATION.

DÉPARTEMENT

d

REBOISEMENTS ET GAZONNEMENTS OBLIGATOIRES.

ÉTAT A.

TRAVAUX EXÉCUTÉS AU 31 DÉCEMBRE 187 .

1. Les états A et B seront établis par département. On y classera les périmètres par arrondissement communal et suivant l'ordre alphabétique. Ils se termineront par une récapitulation par arrondissement et par département.

2. Lorsqu'un périmètre renfermera une section de reboisement et une section de gazonnement, les travaux et les dépenses devront figurer séparément sur les états de la manière suivante :

1° Section de reboisement ;

2° Section de gazonnement.

3. Les comptes des travaux et des dépenses correspondantes doivent être détaillés par propriétaire (État, communes, établissements publics, particuliers). Toutefois, s'il s'agit de l'État, et dans le cas où il serait devenu propriétaire à la suite d'une expropriation, il sera établi un compte spécial pour chacun des particuliers expropriés; mais, dans ce cas, la colonne 1 portera sur les deux états la mention : *L'État représentant le sieur   exproprié.*

4. Dans la colonne 4, on n'indiquera que les parcelles sur lesquelles il a été exécuté des travaux, soit antérieurement, soit dans l'année, et l'on soulignera à l'encre rouge les numéros des parcelles sur lesquelles des travaux ont été exécutés pendant l'année.

5. Les travaux d'*enherbement*, dont il est question dans les colonnes 16 à 18, 34 à 36 de l'état A, et 12 à 14, 26 à 29 de l'état B. doivent s'entendre des semis de graines gazonnantes ou buissonnantes qui sont exécutés, *à titre préparatoire*, dans les sections de reboisement, et qui doivent être suivis plus tard de travaux de reboisement proprement dits. On devra donc éviter de faire figurer ces travaux dans les colonnes placées sous la rubrique générale *Semis* du présent état, ainsi que dans les colonnes correspondantes de l'état B.

6. On ne devra porter dans les colonnes de l'état A, classées sous la rubrique générale *Entretien,* que les travaux qui ont le caractère d'entretien proprement dit, tels qu'ils sont définis par l'article 25 de la circulaire n° 22. Tous les travaux qui ont pour objet la *réfection complète* d'un semis ou d'une plantation précédemment manqués, ou bien d'un ouvrage quelconque détruit, seront portés, selon leur nature, dans les colonnes placées sous la rubrique *Travaux neufs.* Pour éviter tout double emploi en ce qui concerne l'étendue reboisée, on n'inscrira aucun chiffre dans les colonnes relatives à la contenance ; on se contentera d'y porter un astérisque indiquant qu'il s'agit de travaux de réfection, avec une annotation, s'il y a lieu, dans la colonne d'Observations.

13

NOM prénoms et domicile des propriétaires.	COMMUNE de la situation.	SECTION du CADASTRE.	NUMÉROS des parcelles cadastrales sur lesquelles il a été exécuté des travaux.	DÉSIGNATION de LA DIVISION.	CONTENANCE TOTALE comprise dans le périmètre par présentale.	TRAVAUX EXÉCUTÉS AVANT le 1er janvier 187							TRAVAUX DE EFFECTUÉS PAR LES PROPRIÉTAIRES AVEC SUBVENTION OU PAR L'ÉTAT SUR SON PROPRE TERRAIN.												
						Étendue totale ou en ne regazonnée.	Travaux divers. (Barrages, clayonnages, chemins, etc.)	Semis.			Reboisement et gaz		TRAVAUX NEUFS EXÉCUTÉS PENDANT L'ANNÉE 187							ÉTENDUE totale reboisée ou gazonnée au 31 décembre 187 (Somme des colonnes 7 et 12.)	TRAVAUX D'ENTRETIEN EXÉCUTÉS PENDANT L'ANNÉE 187				
								Étendue semée.	Essences.	Quantité de graines.	Étendue plantée.	Plantations.		Étendue reboisée ou gazonnée.	Travaux divers. (Barrages, clayonnages, chemins, culture préparatoire du sol et enterrement, etc.)		Graines employées dans les enterrements.			Reboisement et gazonnement.		Plantations.		Travaux divers: barrages, clayonnages, chemins, enterrement, etc.
												Essences.	Quantité de plants.		Nature des travaux.		Essences.	Quantités.		Semis.		Plantations.		
																				Essences.	Quantité de graines.	Essences.	Quantité de plants.	
1	2	3	4	5	6	7	8	9	10	11	12	13	14	15	16		17	18	19	20	21	22	23	24

ARRONDISSEMENT D

TRAVAUX EFFECTUÉS PAR L'ÉTAT DANS LES TERRAINS DES COMMUNES OU ÉTABLISSEMENTS PUBLICS QUI NE VEULENT OU NE PEUVENT PAS PARTICIPER AU REBOISEMENT OU AU GAZONNEMENT.																		TOTAL de 2e étendue mise en défends pendant l'année 187 .	OBSERVATIONS.
TRAVAUX EXÉCUTÉS avant le 1er janvier 187 .		TRAVAUX NEUFS EXÉCUTÉS PENDANT L'ANNÉE 187 .									ÉTENDUE totale reboisée ou gazonnée au 31 décembre 187 . (Sommes des colonnes 25 et 33.)	TRAVAUX D'ENTRETIEN EXÉCUTÉS PENDANT L'ANNÉE 187 .								
étendue reboisée ou regazonnée.	Travaux divers. Barrages, clayonnages, chemins, etc.	Reboisement et gazonnement.						Étendue reboisée ou gazonnée.	Travaux divers. (Barrages, clayonnages, chemins, culture préparatoire du sol, enherbement, etc.)			Reboisement et gazonnement.				Travaux divers. Barrage, clayonnages, chemins, enherbement, etc.	1° Terrains domaniaux. 2° — communaux. 3° — particuliers. Total....	
		Semis.			Plantations.					Graines employées dans les enherbements.			Semis.		Plantations.			
		Étendue semée.	Essences.	Quantité de graines.	Étendue plantée.	Essences.	Quantité de plants.		Nature des travaux.	Essences.	Quantité.	Essences.	Quantité de graines.	Essences.	Quantité de plants.		
25	26	27	28	29	30	31	32	33	34	35	36	37	38	39	40	41	42	43	44

PÉRIMÈTRE D

15.

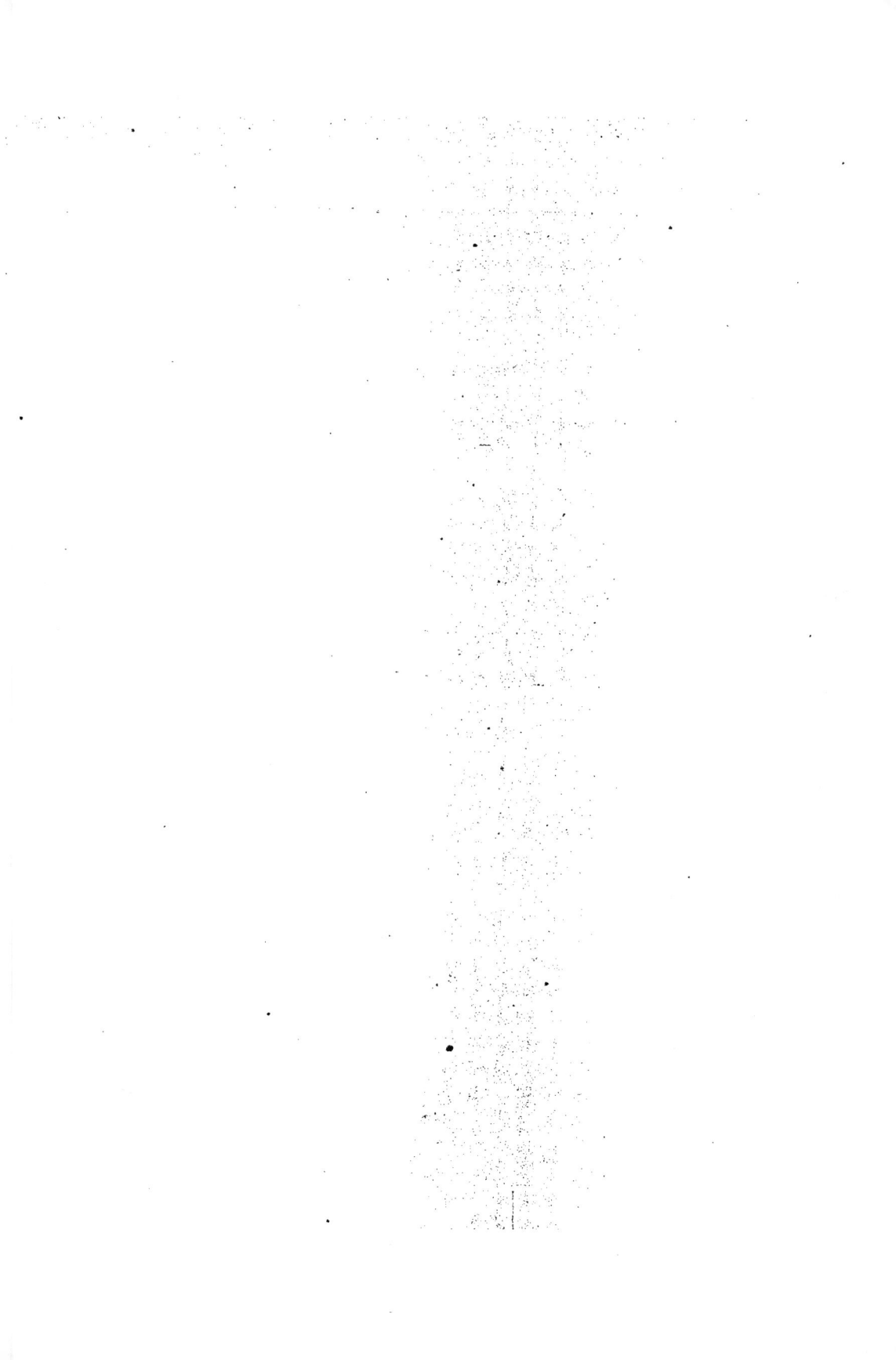

REBOISEMENTS ET GAZONNEMENTS OBLIGATOIRES.

ÉTAT B.

DÉPENSES ET REMBOURSEMENTS FAITS AU 31 DÉCEMBRE 187 ,

1. Les états A et B seront établis par département. On y classera les périmètres par arrondissement communal et suivant l'ordre alphabétique. Ils se termineront par une récapitulation par arrondissement et par département.

2. Le tableau récapitulatif qui figure ci-contre, devra mentionner tous les périmètres sans exception qui ont été l'objet d'un décret d'utilité publique, alors même qu'il n'y aurait été fait aucune dépense pendant l'année. Dans ce cas les colonnes 4 et 5 porteront des guillemets.

3. Lorsqu'un périmètre renfermera une section de reboisement et une section de gazonnement, les travaux et les dépenses devront figurer séparément sur les états de la manière suivante :

    1° Section de reboisement ;

    2° Section de gazonnement.

4. Les comptes des travaux et les dépenses correspondantes doivent être détaillés par propriétaire (État, communes, établissements publics, particuliers, etc.). Toutefois, s'il s'agit de l'État, et dans le cas où il serait devenu propriétaire à la suite d'une expropriation, il sera établi un compte spécial pour chacun des particuliers expropriés ; mais, dans ce cas, la colonne 1 portera sur les deux états la mention : « *L'État représentant le sieur...* *exproprié.* »

5. Lorsque les propriétaires (communes ou particuliers) se chargent eux-mêmes des travaux, les sommes qu'ils y consacrent, ainsi que les allocations qui leur seraient fournies par le département, etc., seront inscrites à l'encre rouge dans les colonnes 7 à 20, immédiatement au-dessous des chiffres exprimant la subvention de l'État. Elles seront totalisées à part.

6. Dans la colonne 4, on n'indiquera que les parcelles sur lesquelles il a été exécuté des travaux, soit antérieurement, soit pendant l'année, et l'on soulignera à l'encre rouge les numéros des parcelles sur lesquelles des travaux ont été exécutés pendant l'année.

7. Les travaux d'*enherbement* dont il est question dans les colonnes 16 à 18, 34 à 36 de l'état A, et 12 à 14, 26 à 29 du présent état, doivent s'entendre des semis de graines gazonnantes ou buissonnantes qui ont été exécutés, *à titre préparatoire*, dans les sections de reboisement, et qui doivent être suivis plus tard de travaux de reboisement proprement dits. On devra donc éviter de faire figurer ces travaux dans les colonnes placées sous la rubrique générale *Semis* de l'état A, ainsi que dans les colonnes correspondantes du présent état.

8. On ne devra porter dans les colonnes de l'état A, classées sous la rubrique générale *Entretien*, que les travaux qui ont le caractère d'entretien proprement dit, tels qu'ils sont définis par l'article 25 de la circulaire n° 22. Tous les travaux qui ont pour objet la *réfection complète* d'un semis ou d'une plantation précédemment manqués, ou bien d'un ouvrage quelconque détruit, seront portés, selon leur nature, dans les colonnes placées sous la rubrique *Travaux neufs*. Pour éviter tout double emploi en ce qui concerne l'étendue reboisée, on n'inscrira aucun chiffre dans les colonnes relatives à la contenance ; on se contentera d'y porter un astérisque indiquant qu'il s'agit de travaux de réfection, avec une annotation, s'il y a lieu, dans la colonne d'observations.

9. Les sommes provenant de dommages-intérêts ou restitutions, ne doivent être portées dans les colonnes 40 à 43 du présent état, placées sous la rubrique *Remboursements*, qu'autant que les agents se seront assurés que ces sommes ont été effectivement versées dans les caisses du Trésor.

NOMS des périmètres.	CONTENANCE TOTALE.	DATE du décret déclaratif de l'utilité publique des travaux.	DÉPENSES EN 187 .		OBSERVATIONS.
			TRAVAUX.	INDEMNITÉS de pâturage.	
1	2	3	4	5	6

NOM, PRÉNOMS ET DOMICILE des propriétaires.	COM-MUNE de la SITUATION.	SECTIONS du CADASTRE.	NUMÉROS des PARCELLES cadastrales sur lesquelles il a été exécuté des travaux.	DÉSIGNA-TION de LA NATURE.	CONTE-NANCE totale comprise dans le périmètre par proprietaire.	TRAVAUX EFFECTUÉS PAR LES PROPRIÉTAIRES AVEC SUBVENTION OU PAR L'ÉTAT SUR SON PROPRE TERRAIN.													VALEUR totale des subventions données par l'État en 187 .	VALEUR totale des subventions données par l'État au 31 décembre 187 .
					VALEUR des subventions en nature et en argent données par l'État avant le 1er janvier 187 .	Reboisement et gazonnement.			Travaux divers, barrages, clayonnages, vulture préparatoire du sol, ensemencement, etc.			Reboisement, gazonnement, travaux divers, barrages, clayonnages, chemins, enrochements, etc.							
						Nature des travaux.	Valeur des subventions données par l'État.		Nature des travaux.	Valeur des subventions données par l'État.		Nature des travaux.	Valeur des subventions données par l'État.						
							En nature.	En argent.		En nature.	En argent.		En nature.		En argent.				
							Graines.	Plants.			Craint-gazon-ou-nées ou haies-vou-couples.			Graines.	Plants.				
					h. a. c.	fr.			fr.		fr.	fr.		fr.		fr.	fr.		fr.
1	2	3	4	5	6	7	8	9	10	11	12	13	14	15	16	17	18	19	20

ARRONDISSEMENT D

TRAVAUX EFFECTUÉS PAR L'ÉTAT DANS LES TERRAINS DES COMMUNES OU ÉTABLISSEMENTS PUBLICS QUI NE VEULENT OU NE PEUVENT PAS PARTICIPER AU REBOISEMENT OU AU GAZONNEMENT. — AVANCES RECOUVRABLES.																	INDEMNITÉS allouées aux communes pour privation de pâturage.		REMBOURSEMENTS effectués par les propriétaires qui ont laissé les travaux à la charge de l'État.				

PÉRIMÈTRE D

INVENTAIRE

DES DIVERS OBJETS DE MATÉRIEL.

Nota. Cet état sera tenu par périmètre.

ENTRÈE.

SORTIE.

NUMÉRO D'ORDRE.	DATE de l'entrée.	NATURE DES OBJETS.	PRIX de l'unité.	NOMBRE.	PRIX d'acquisition.	PROVENANCE. (Achetés ou provenant du personnel d'un autre premier.)	OBSERVATIONS.

DATE de la sortie.	NOMBRE.	MOTIFS DE LA SORTIE. (Objets perdus, mis à prix par le directeur ou passés à un autre premier.)	ÉTAT ACTUEL. (Valeur comparée au prix d'acquisition.)	OBSERVATIONS.

www.ingramcontent.com/pod-product-compliance
Lightning Source LLC
Chambersburg PA
CBHW032325210326
41519CB00058B/6051